[瑞典]亚历山德拉·达尔奎斯特 著/绘　徐昕 译

水下的世界

科学普及出版社
·北　京·

献给加布里埃尔和奥利维娅

目 录

物种信息
大　　小：可达60厘米长
分　　类：硬骨鱼类
食　　物：软体动物、甲壳类动物
生活环境：浅水的岩石和石头底部

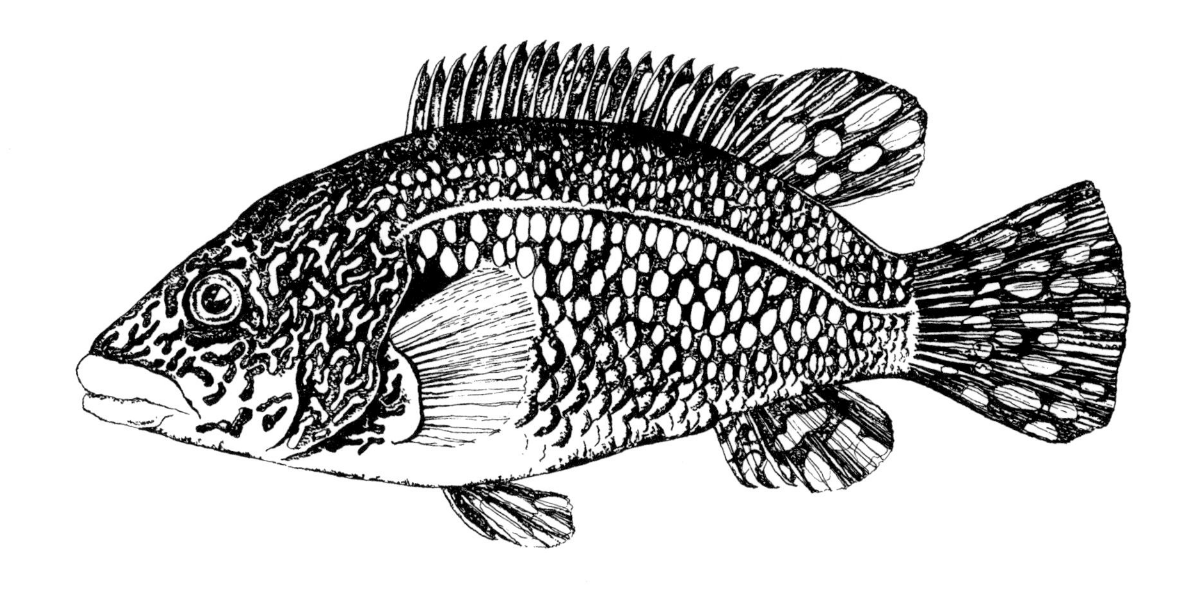

贝氏隆头鱼

Labrus bergylta

贝氏隆头鱼有着很大的吻，在鱼类中属于完全独立的一科——隆头鱼科。

它们的外观差异很大，因为贝氏隆头鱼根据栖息环境的不同而拥有不同的颜色及花纹。这种鱼待在浅水中，所以当你浮潜或潜水的时候可以看到它们。多留意那些岩石缝隙，它们喜欢藏身在那里。

所有的贝氏隆头鱼出生时都是雌性的，但过几年后一部分雌鱼会改变性别。一条雄鱼和三到七条雌鱼会组成一个小的群体在一起生活。雌鱼喜欢将卵产在有海草和藻类保护的岩石缝隙里。随后，雄鱼看护着卵，直到几周后卵孵化。

物种信息

大　　小：可达45厘米长

分　　类：硬骨鱼类

食　　物：虾、大旋鳃虫、小鱼

生活环境：泥土质或沙质水底

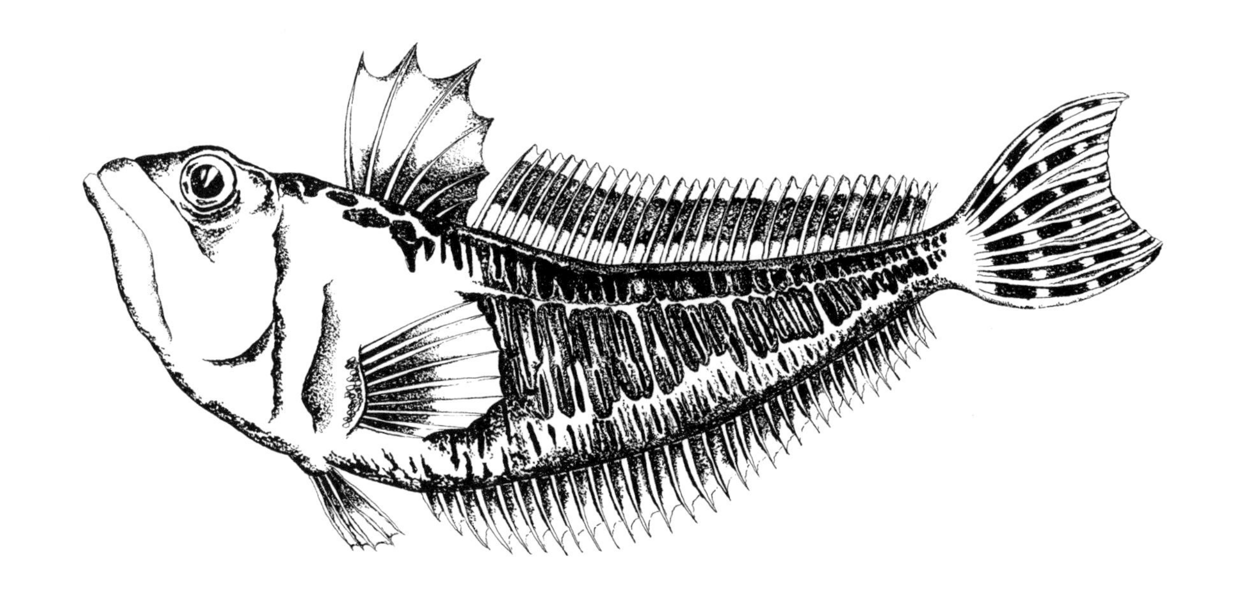

大龙螣

Trachinus draco

大龙螣的拉丁名译成中文是“多刺龙”，这名字取得很合适吧？这是瑞典唯一的一种对人类有毒的鱼。

大龙螣是欧洲北部毒性最强的鱼，差不多跟蝰蛇具有一样的伤害性。它们通常把自己埋在沙子中，等待猎物。它的毒藏在背部的刺和鳃上，甚至连死去的大龙螣的刺上都有具活性的毒素。

如果被大龙螣扎到了，我们会头晕、恶心、头疼、发冷或出汗。如果出现这些症状，应该立即就诊。在极少数情况下，被它们扎到会导致死亡。

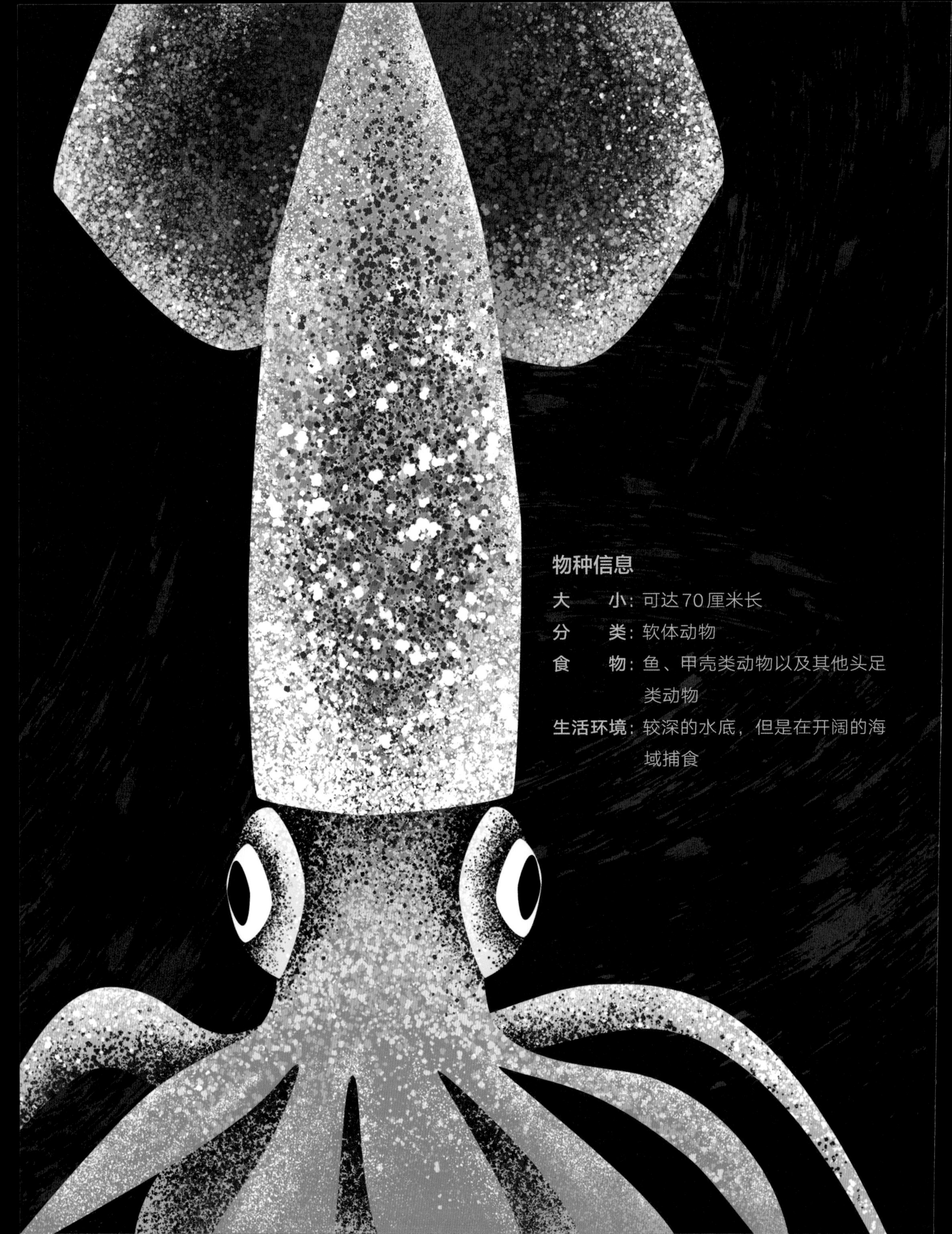

物种信息

大　　小： 可达70厘米长

分　　类： 软体动物

食　　物： 鱼、甲壳类动物以及其他头足类动物

生活环境： 较深的水底，但是在开阔的海域捕食

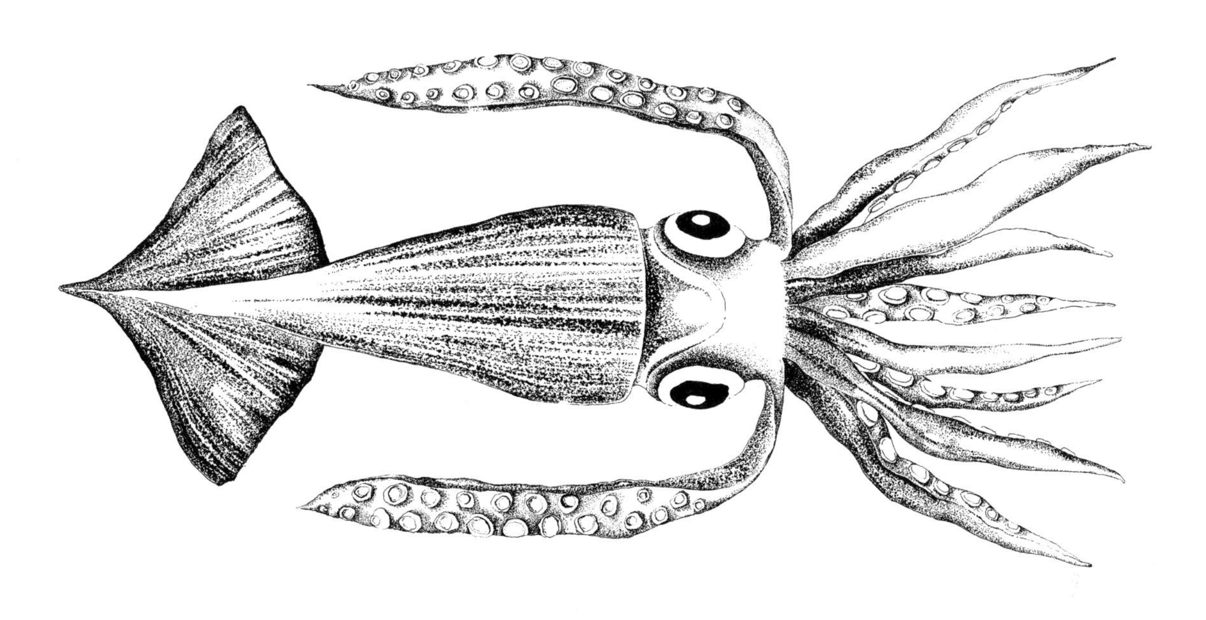

褶柔鱼

Todarodes sagittatus

当心！一艘带有触手的“太空火箭”飞来了！是的，褶柔鱼不仅看起来像一艘小型火箭，而且活动起来也像。对于飞鱼，你肯定已经有所了解，可是你知道还有一种会飞的鱿鱼吗?

在褶柔鱼身体的背面，有一根出水管，褶柔鱼会从中喷射出一股强劲的水流，将身体推出水面。来到空中后，它们会舒展外套膜和触手，这样就可以乘着风在空中滑翔整整30米，然后重新落入水里。

有些人说它们的滑翔是一种逃跑或狩猎行为，不过褶柔鱼也许只是想找到一种更快的移动方式。褶柔鱼极其聪明，并且不断地演化。

你知道吗

鱿鱼、章鱼、乌贼同属头足类动物，它们在瑞典海域越来越常见了。其实头足类动物的数量好像在全世界都有增长，这可能是因为海里的鱼少了，给了它们更多的空间。

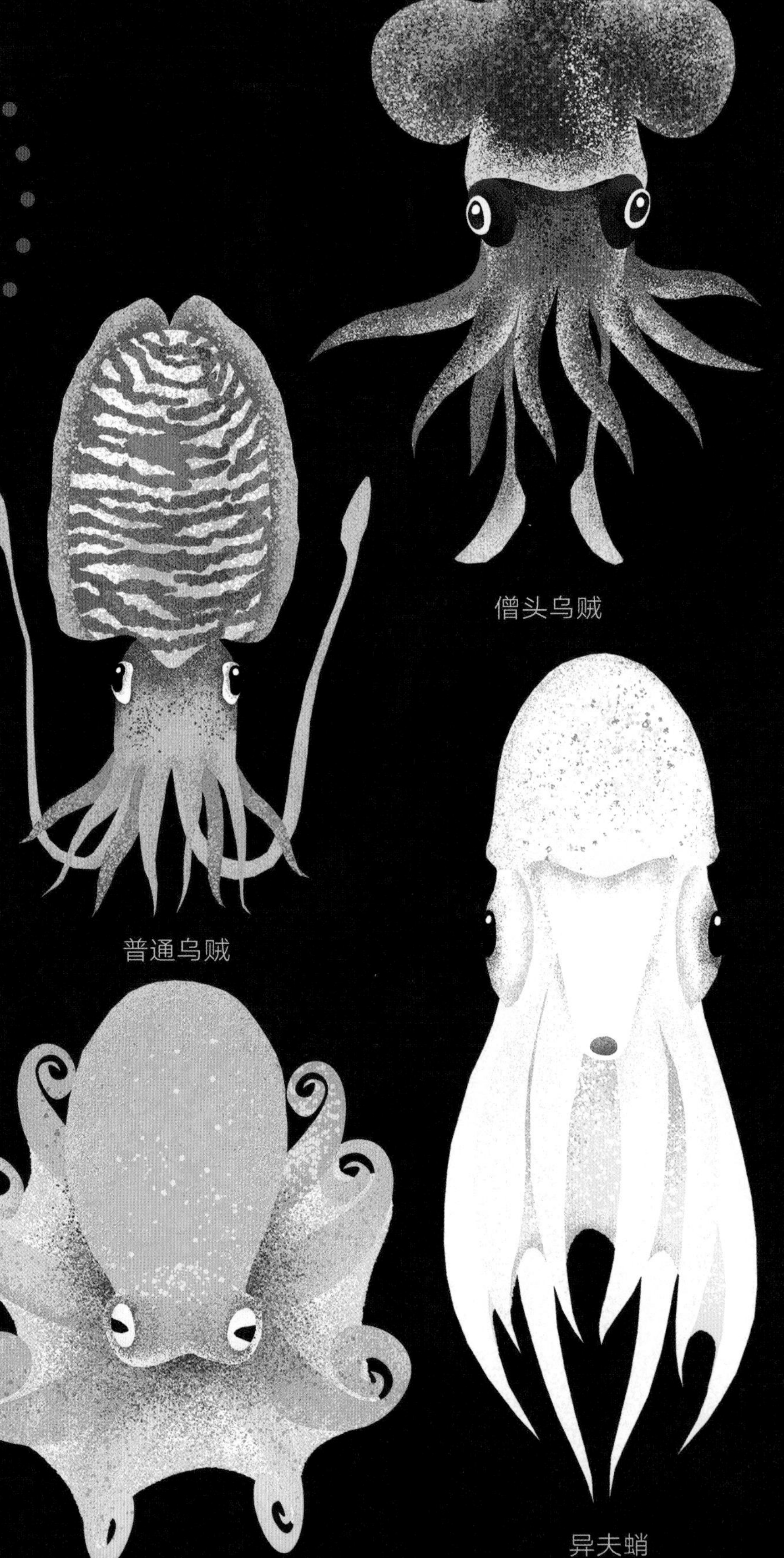

僧头乌贼

普通乌贼

巨粒僧头乌贼

尖盘爱尔斗蛸

异夫蛸

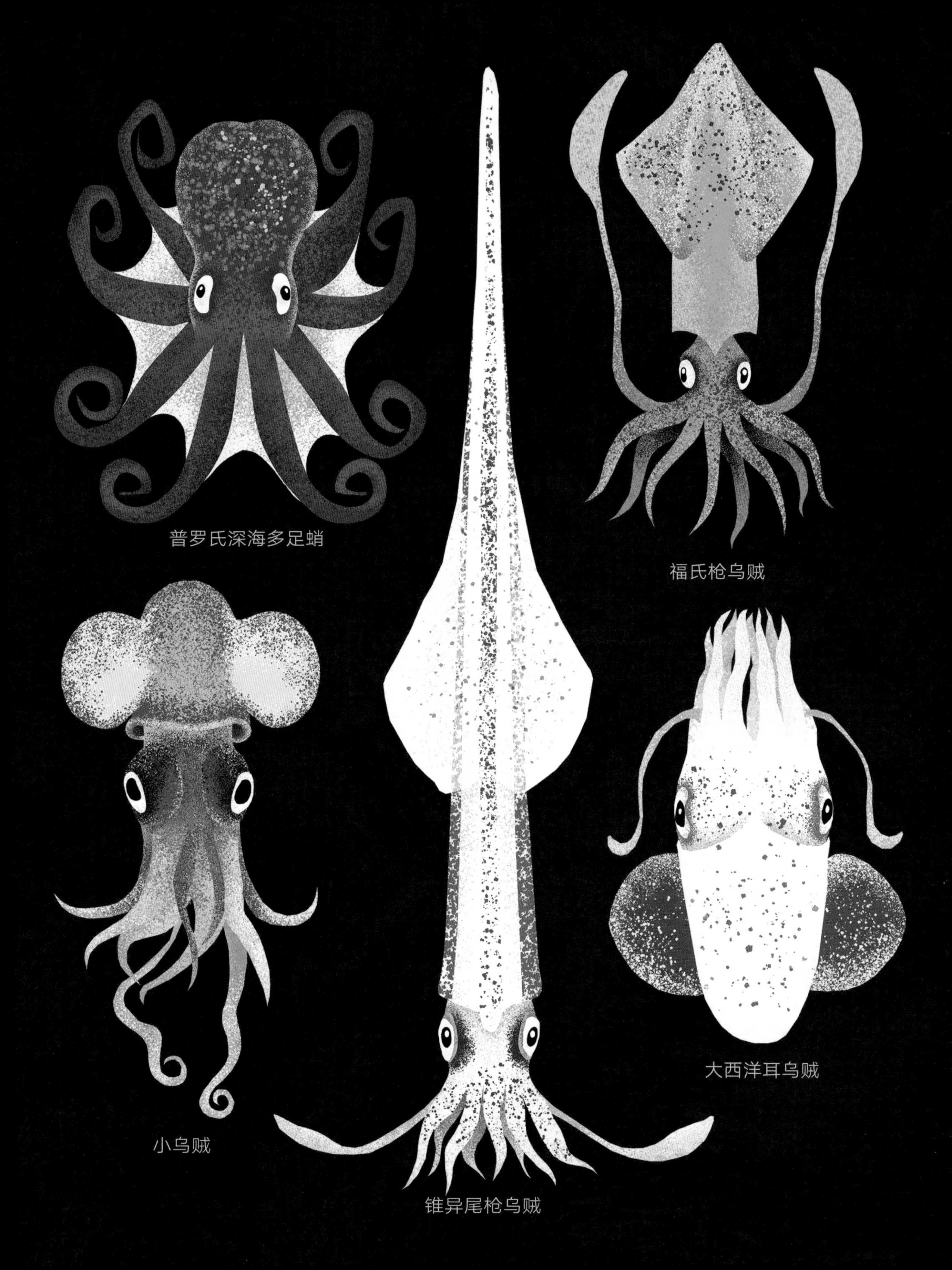
普罗氏深海多足蛸
福氏枪乌贼
小乌贼
大西洋耳乌贼
锥异尾枪乌贼

物种信息

大　　小：可达 1 米长

分　　类：软骨鱼类

食　　物：甲壳类动物、大旋鳃虫及较小的鱼

生活环境：沙质、碎石质和泥土质水底

棘背钝头鳐

Amblyraja radiata

这是什么？一种三角形的鱼，长着长长的尾巴和形似爪子的刺……这是在瑞典西海岸最常见到的一种鳐鱼！它们游起来就像在水里滑翔或者漂浮一样。

棘背钝头鳐的卵看上去像长长的棕色胶囊，有四根可以捕捉周围信息的触角。这些卵有时候会跟着散落的海藻团漂浮到岸上。一开始，单独一枚卵可能很难被人看到，不过，你很可能突然间在同一个地方找到好多枚。通常，在它们被冲到岸上之前，那些棘背钝头鳐宝宝就已经从卵里游出来了。

棘背钝头鳐被列入受胁物种红色名录，属于“极危”动物。因为棘背钝头鳐性成熟较晚，所以它们面临的最大威胁是还没繁衍出后代，就被人捕捞起来了。

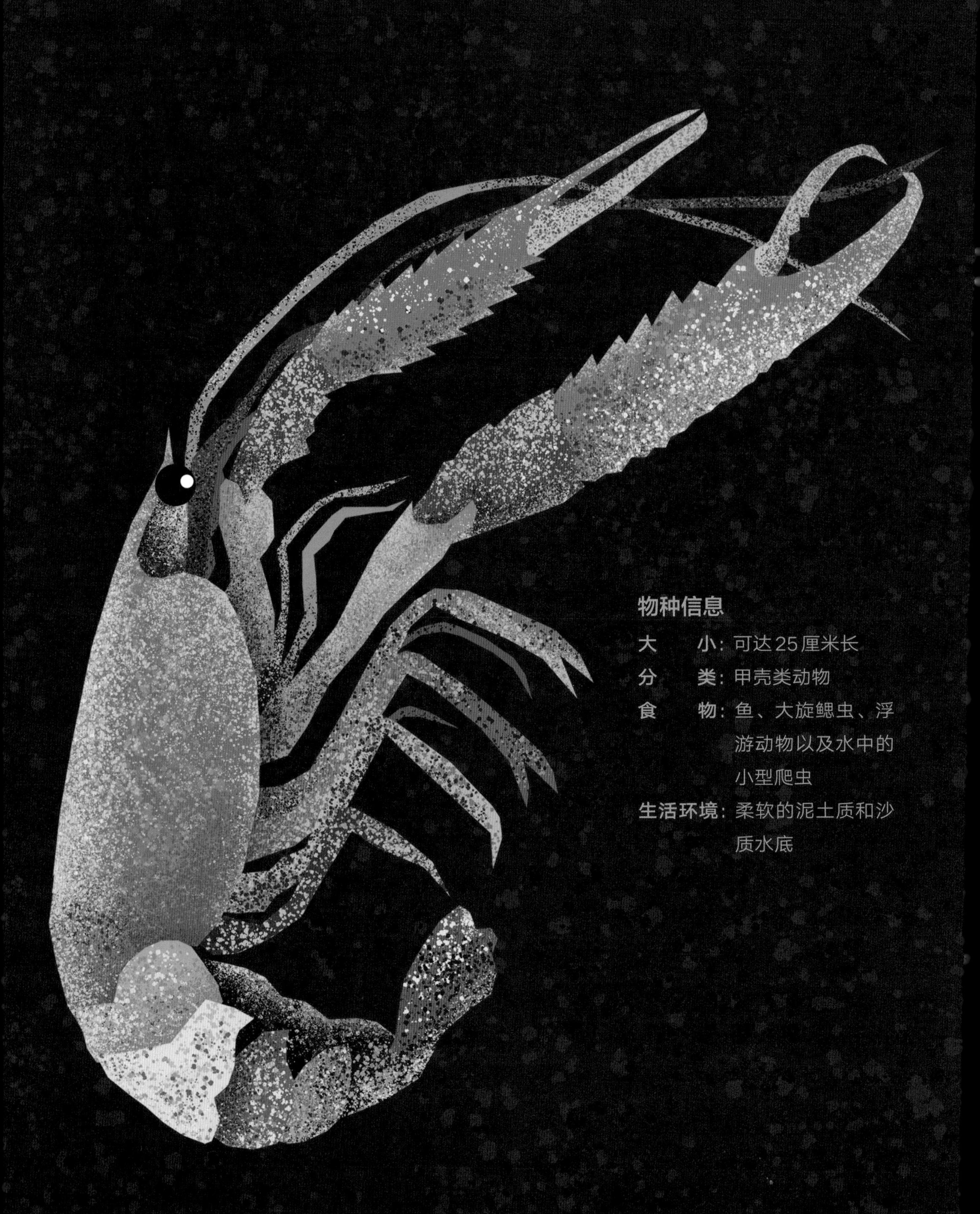

物种信息

大　　小：可达25厘米长

分　　类：甲壳类动物

食　　物：鱼、大旋鳃虫、浮游动物以及水中的小型爬虫

生活环境：柔软的泥土质和沙质水底

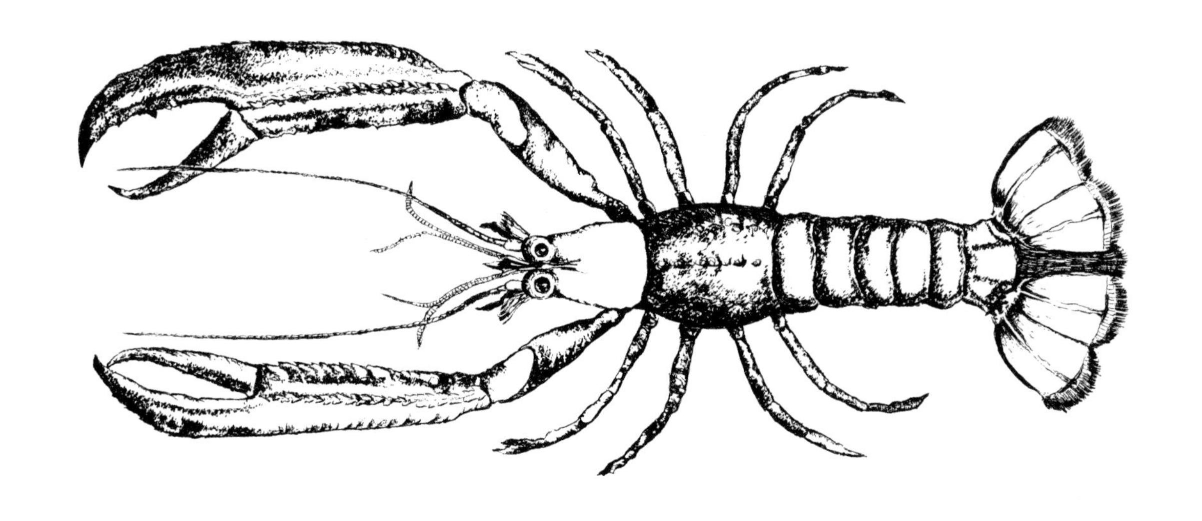

挪威海螯虾

Nephrops norvegicus

你知道吗？挪威海螯虾是用头来排尿的。在它们触角的旁边长着功能类似于人类肾脏的腺体，尿液通过这种腺体排出体外。

挪威海螯虾也叫国王虾，跟螯龙虾是亲戚。不过它们比螯龙虾小，有细长的螯足。它们喜欢有沙子和泥土的柔软的水底，会在那里挖通道和巢穴。

挪威海螯虾的繁殖季节从春天持续到秋天，雌虾会携带卵生活九个月。当卵孵化后，新生的挪威海螯虾会经历三种不同的幼虫阶段，此后会经历两个后幼虫阶段，这时它们看起来就像小型的挪威海螯虾。在第二个后幼虫阶段，小虾会把自己埋进洞里，在那里住上一两年，然后重新出来。

物种信息

大　　小: 50～100厘米长

分　　类: 硬骨鱼类

食　　物: 螺类、贝类和甲壳类动物

生活环境: 沙质水底

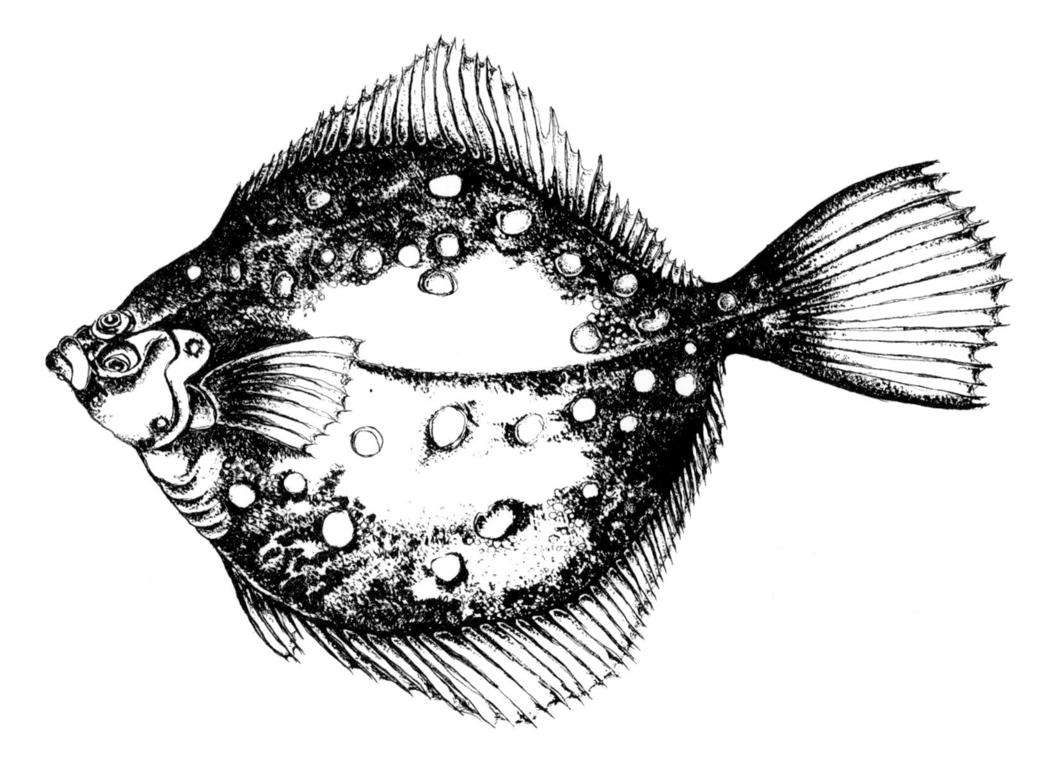

欧鲽

Pleuronectes platessa

这是一种表情忧郁、长着红斑的扁平鱼吗？这是欧鲽——一种带红色斑点的比目鱼！

幼鱼孵化出来时，看上去就像普通的鱼一样。它们游动时身体左右对称，眼睛在脑袋两侧。可是几个月后，其中一只眼睛就移到了另一侧，身体上部的肌肉变得比之前更强壮，而身体下部变成了纯白色。

欧鲽最喜欢躺在水底，它们可以迅速将自己埋起来。夏天，小的欧鲽也可以出现在浅水中。你如果站在栈桥上往水里看，就可以看到它们躺在水里观察四周。

物种信息
大　　小：可达40厘米长
分　　类：硬骨鱼类
食　　物：生活在水底的小动物
生活环境：较深的岩石或其他
坚硬基质的
水底

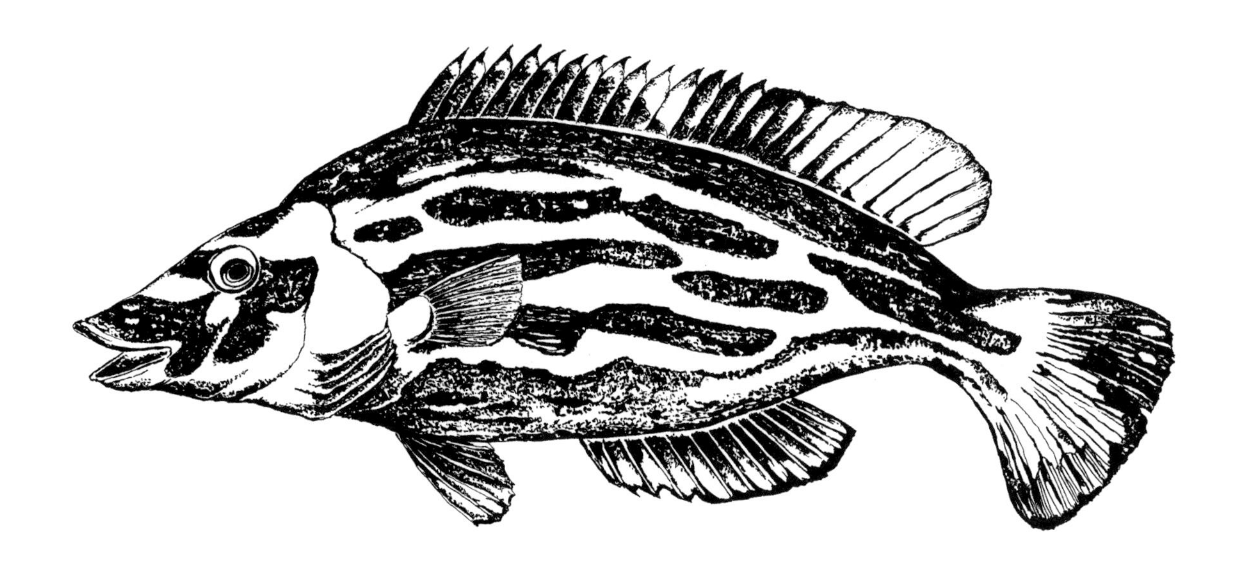

红纹隆头鱼

Labrus mixtus

红纹隆头鱼是一种有着热带外貌的华丽的隆头鱼。它们被认为是瑞典最漂亮的鱼，很难不引人注目。

绝大部分红纹隆头鱼出生时都是雌性的，被称为“红唇鱼”。它们是红色的，背鳍末端有三个黑色的斑点。7～13年后，那些最大的雌鱼会变成雄鱼，得到“红纹隆头鱼”这个名字。它们身体的颜色变了，变成浓艳的蓝色和橙色。一部分个体从一开始就是雄性的，这些雄性幼鱼与红唇鱼有相同的外观，但背上没有黑色斑点。

雄鱼用海藻筑巢，雌鱼在那里产卵。巢由雌鱼和雄鱼共同看护，直到两周后幼鱼从卵里孵化出来。

夏天，红纹隆头鱼会待在海滩或岩石附近水深只有两米的地方，所以运气好的话，你可以看见一两条。

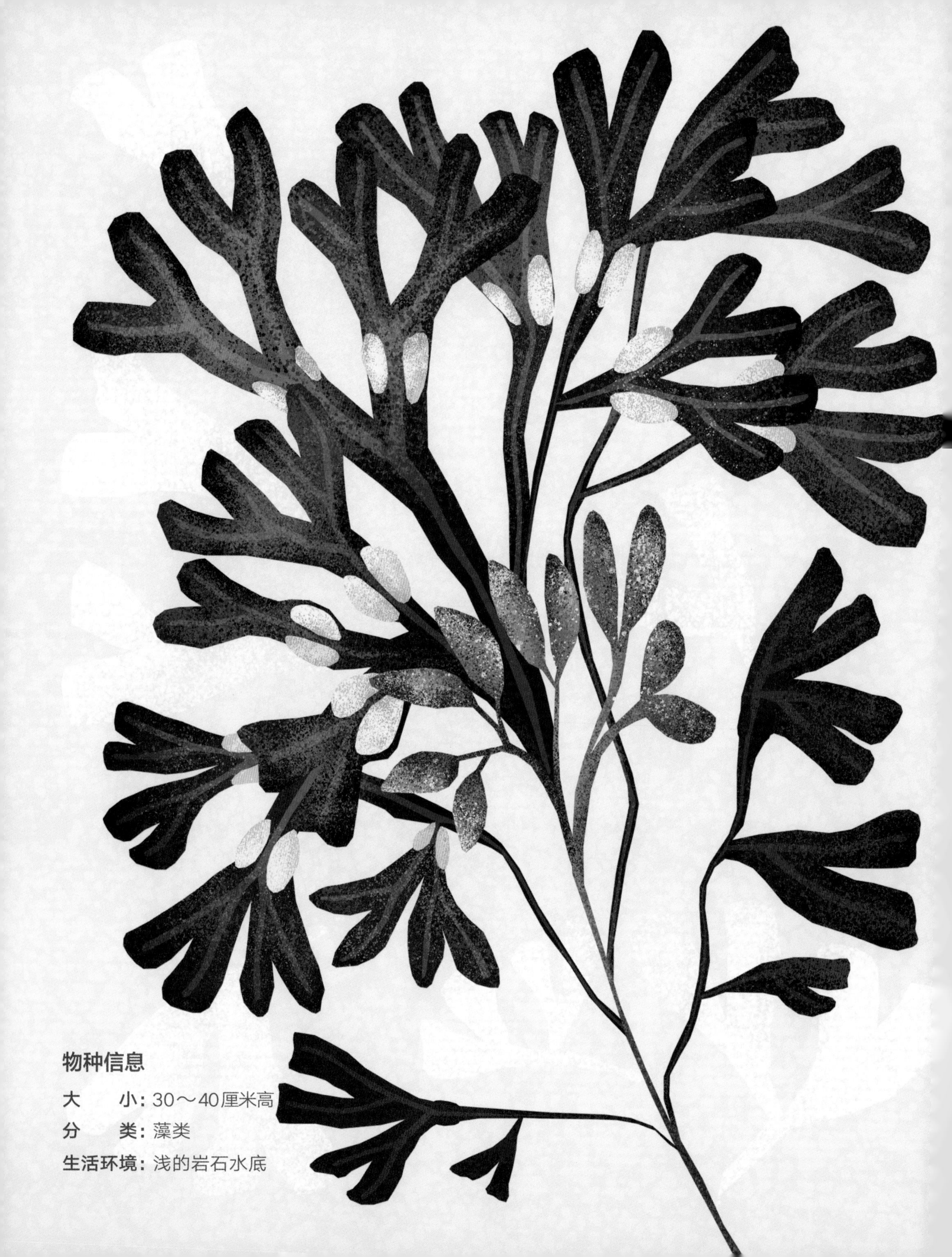

物种信息

大　　小：30～40厘米高

分　　类：藻类

生活环境：浅的岩石水底

墨角藻

Fucus vesiculosus

满月下的爱情与墨角藻有什么关系？嗯，这种褐藻只在静谧的满月之夜进行繁殖。这与潮汐和月亮的引力有关。在几乎没有潮汐的地方，墨角藻仍然保持着这个习惯。这是墨角藻曾经在潮汐地带生长留下的习性。

大多数情况下，一团墨角藻不是雄性的就是雌性的。在它们的最顶端长着生殖托，墨角藻从那里排出数十亿颗卵细胞或精子。只有一小部分卵细胞能活下来，成为受精卵。

你如果循着墨角藻的踪迹，就可以找到各种各样的动物：普通滨蟹、海虱、各种螺类和较小的甲壳类动物。

你知道吗

在瑞典，所有种类的海藻都是可以吃的，因为有“公共自然通行权”，你可以采摘它们供自己食用。不过要注意，别把它们连根拔起——你需要多少就割多少。

皱波角叉菜
大叶藻
绳藻
白令海峡褐藻
岩衣藻
掌状海带
齿状藻

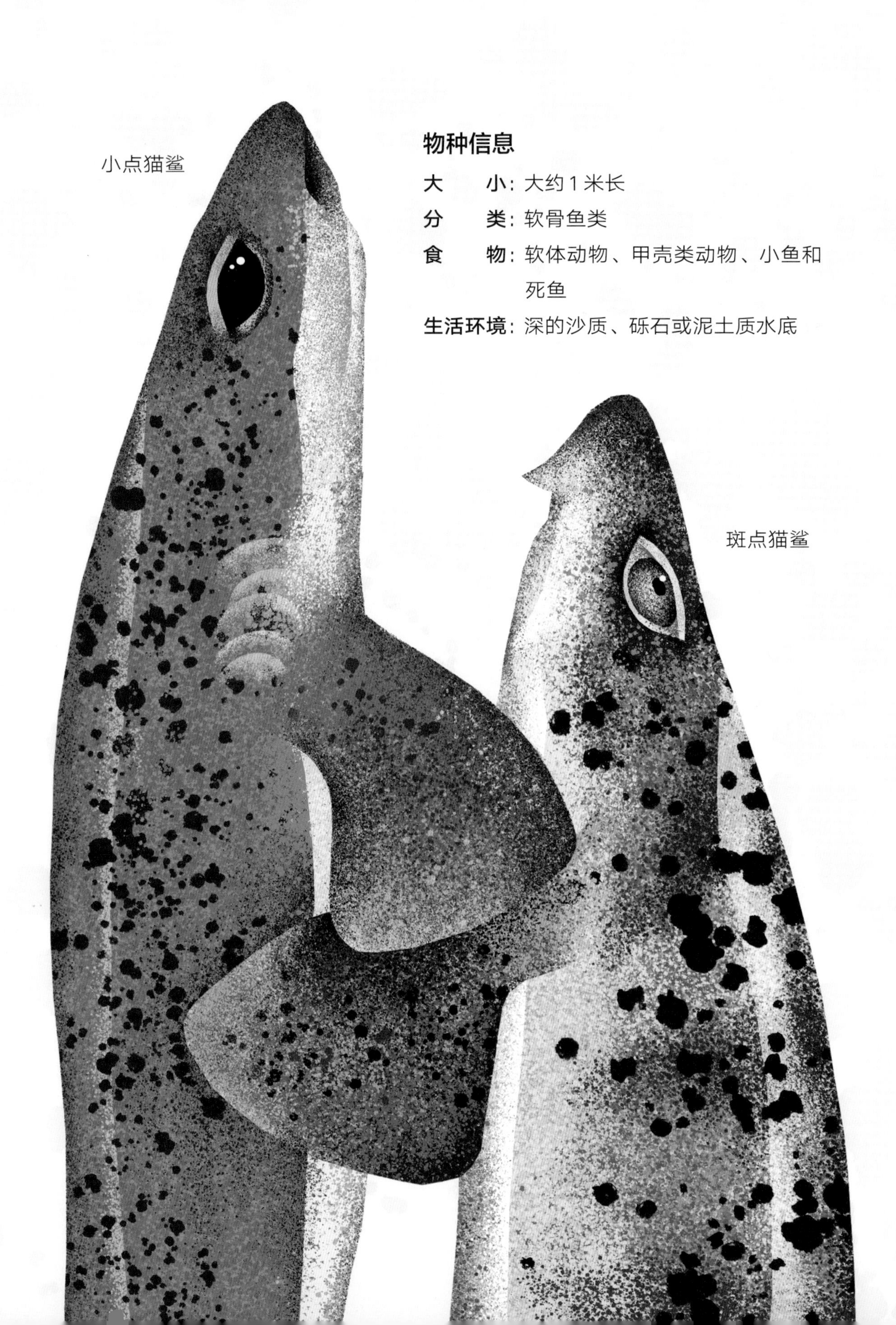

物种信息

大　　小： 大约 1 米长

分　　类： 软骨鱼类

食　　物： 软体动物、甲壳类动物、小鱼和死鱼

生活环境： 深的沙质、砾石或泥土质水底

小点猫鲨

Scyliorhinus canicula

这是瑞典最常见的鲨鱼。它们的身上有红色和浅褐色斑点，很容易识别出来。小点猫鲨比它们的亲戚斑点猫鲨小一些，也没有那么威猛。斑点猫鲨是瑞典西海岸并不常见的外来物种。

跟很多其他鲨鱼不同，小点猫鲨不会直接生出活的幼鱼，但就像哺乳动物一样，它们的卵是在雌鱼体内受精的。狭长的、胶囊状的受精卵慢慢离开雌鱼的身体，雌鱼使用受精卵的角上的线把它们缠在各种水生植物上面。

如果想近距离观察小点猫鲨，那么我们可以去瑞典吕瑟希尔（Lysekil）的海洋馆。人们在那里人工繁育小点猫鲨，待幼鱼准备好了，会把它们放入位于瑞典西海岸的古尔马斯峡湾（Gullmarsfjorden）。

物种信息

大　　小：可达25厘米长

分　　类：硬骨鱼类

食　　物：小鱼和甲壳类动物

生活环境：浅的水底

短角床杜父鱼

Myoxocephalus scorpius

这是一种带角的巨大的“青蛙”，头很大，长着肉肉的嘴——人们会这样描述这种有趣的鱼。它们甚至像青蛙一样呱呱叫，在水里和偶然来到陆地上时都如此。这是一种食肉鱼，喜欢伏在水底，等待猎物出现。

短角床杜父鱼有很多别名，它的拉丁语学名前半部分的意思是“长着肌肉的头”，可以说恰如其分。

短角床杜父鱼一生喜欢住在同一个地方。你也许在咸水水族箱里见过它们，它们是一种很受欢迎的宠物鱼。

物种信息

大　　小：可达2米长

分　　类：硬骨鱼类

食　　物：鱼、甲壳类动物，某些情况下的水鸟

生活环境：海底

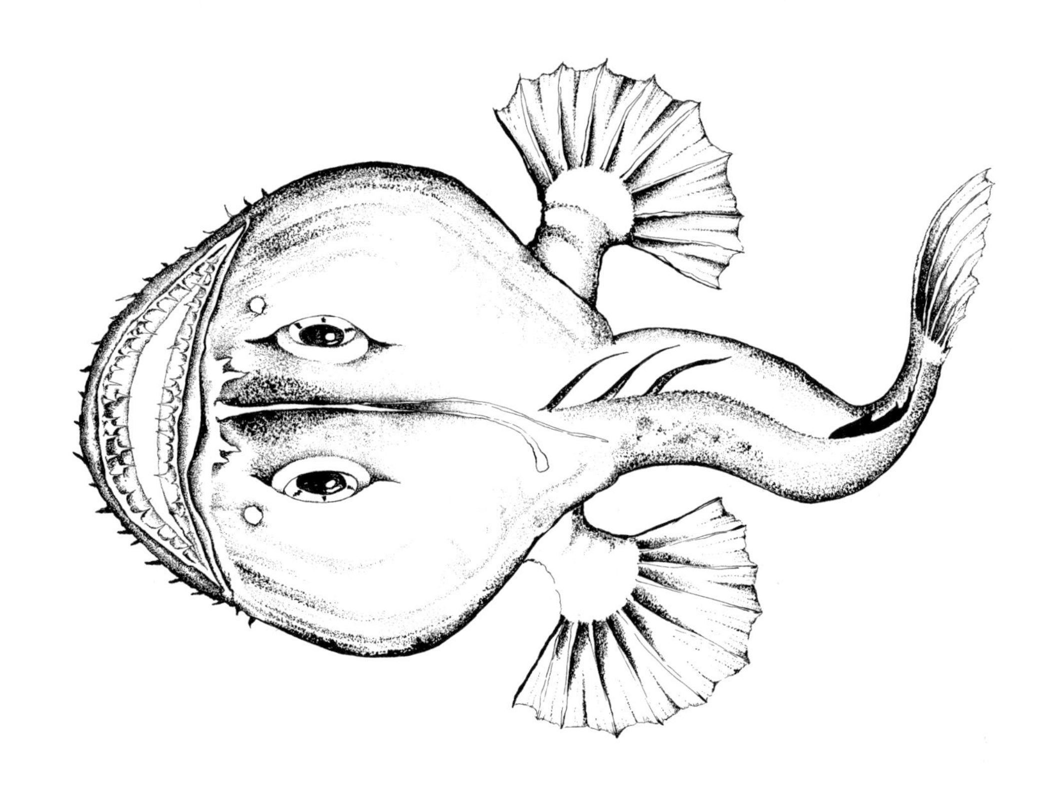

钓鮟鱇

Lophius piscatorius

海魔——有时候大家会这么称呼它们——长着巨大的嘴，如果有机会的话，能够咬住一只水鸟！

钓鮟鱇头上长着一种带饵的“钓竿”，被用来吸引其他鱼。钓鮟鱇张开嘴的时候，会形成一股强大的水流，将猎物直接吸进它的嘴里。

生活在深海海底的角鮟鱇身上的“钓竿”甚至会发光。光是由一种细菌制造的，能帮助角鮟鱇做很多事——比如诱捕食物、寻找同伴，或者迷惑敌人。

钓鮟鱇的繁殖方式和普通鱼的差不多，而深海里的角鮟鱇有着奇特的繁殖方式，雄鱼体形很小，它找到并咬住雌鱼，慢慢地，雄鱼的皮肤跟雌鱼的长在一起，雄鱼成为雌鱼身体的一部分，依靠雌鱼的血液维持生命，为雌鱼提供精子。

物种信息

大　　小：一条珊瑚虫大约1厘米长

分　　类：刺胞动物

食　　物：浮游生物

生活环境：较深的海底岩石

多孔冠珊瑚

Lophelia pertusa

这是温带的珊瑚礁？是的，没错！在瑞典西海岸，生活着美丽的多孔冠珊瑚。它们大多是白色的，也有一些呈半透明的粉色或黄色，可以形成很大的珊瑚礁，年龄可达好几千年那么久。多孔冠珊瑚几乎没什么颜色，因为它们不与一些藻类共生，这跟热带珊瑚不一样，热带珊瑚会因为共生藻类而拥有各种颜色。

如今这里只剩下三个珊瑚礁，多孔冠珊瑚被列为极危物种。其中一个原因是底拖网捕捞，这是一种伤害海底的捕鱼方式。现在人们在努力重建珊瑚礁。人们用混凝土和金属工业矿渣建造出不同的结构，希望多孔冠珊瑚可以在上面生长，慢慢地恢复，渡过难关。

多孔冠珊瑚是一个关键物种，这意味着它们对生活在珊瑚礁里或珊瑚礁附近的很多其他物种来说极其重要。

物种信息

大　　小： 13～14厘米宽

分　　类： 甲壳类动物

食　　物： 海星、海胆和动物尸体

生活环境： 柔软和坚硬的海底

挪威巨蟹

Lithodes maja

看，它们长着尖刺！这种红褐色的挪威巨蟹长着一个梨形的头胸甲和极长的腿，整个身体布满了刺。挪威巨蟹有十条腿，不过长在最后面的第五对腿比其他几对小，因为藏在蟹壳里，所以我们看不见。

这些长长的腿，和蜘蛛的差不多，让挪威巨蟹成了攀爬能手，它们能很轻松地爬上陡峭的悬崖。

挪威巨蟹的身体结构是不对称的，这意味着它们身体的左右两部分是不一样的。通常腹部左半部分比右半部分明显大一些、有力一些。相反的情况也有，但比较少见。

挪威巨蟹产的卵很少，所以跟其他甲壳类动物比起来，它们的数量比较少。

物种信息

大　　小：可达60厘米长

分　　类：硬骨鱼类

食　　物：甲壳类动物、小鱼和水母

生活环境：深水或浅水的底部

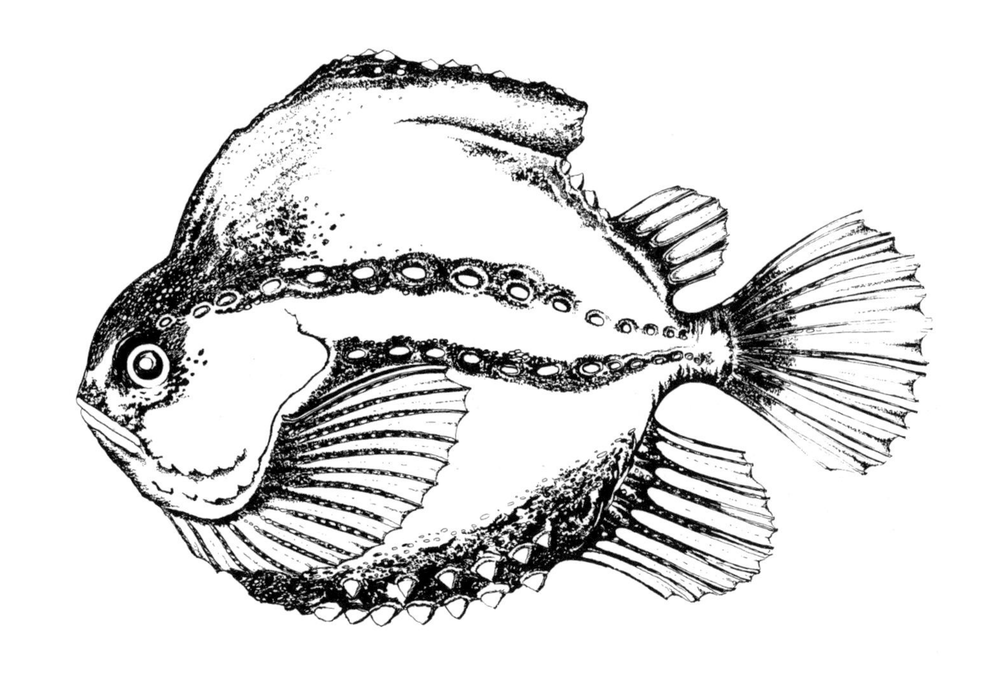

圆鳍鱼

Cyclopterus lumpus

圆鳍鱼是一种块状的鱼，因为沿着身体有七排骨节，所以也叫“七条背”。身体的腹部长着强有力的吸盘。

圆鳍鱼是行动缓慢的游泳者，它们最喜欢借助吸盘停在水底不动，等待猎物经过。

它们的卵——或者说鱼子非常诱人。雌鱼通常就是因为鱼子而被人捕捞。圆鳍鱼子其实是浅粉色或淡紫色的，但在出售之前会被染成红色或黑色。

物种信息
大　　小：可达3.5米长
分　　类：软骨鱼类
食　　物：鲱鱼以及其他成群的鱼
生活环境：开阔的海域

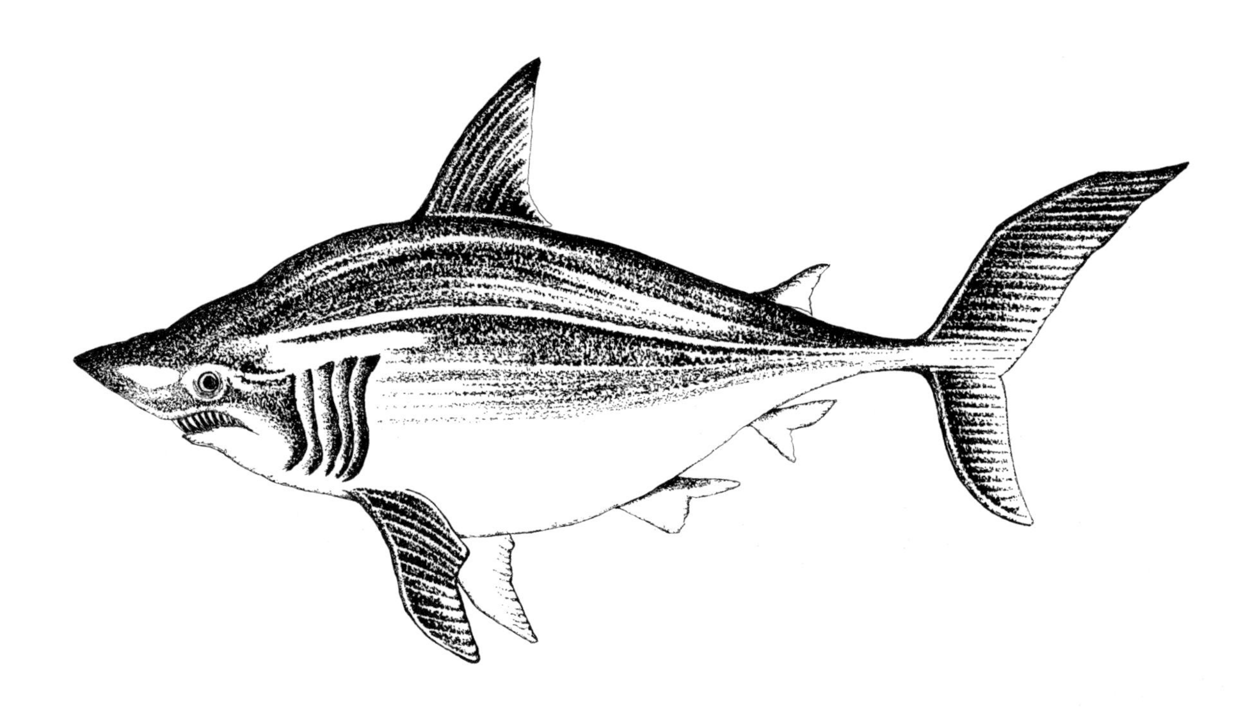

鼠鲨

Lamna nasus

这是一种很壮观的鲨鱼，它的吻部呈短圆锥形。它的外形跟大白鲨很像，但区别是鼠鲨不会攻击人类。

鼠鲨的食物首先是成群的鲱鱼，所以也被称作鲱鱼鲨。人们研究鼠鲨胃里的东西的时候，还能找到其他种类鲨鱼的残骸，甚至还发现了鼠鲨的肉，这意味着这种鲨鱼是吃同类的！

鼠鲨是濒危物种，在瑞典被列为“极危”级别。该物种是受保护的，这意味着你如果在海里抓到一条鼠鲨，就必须把它放回海里。虽然它们并不常见，但鼠鲨还是有可能被普通鱼钩钓到的！

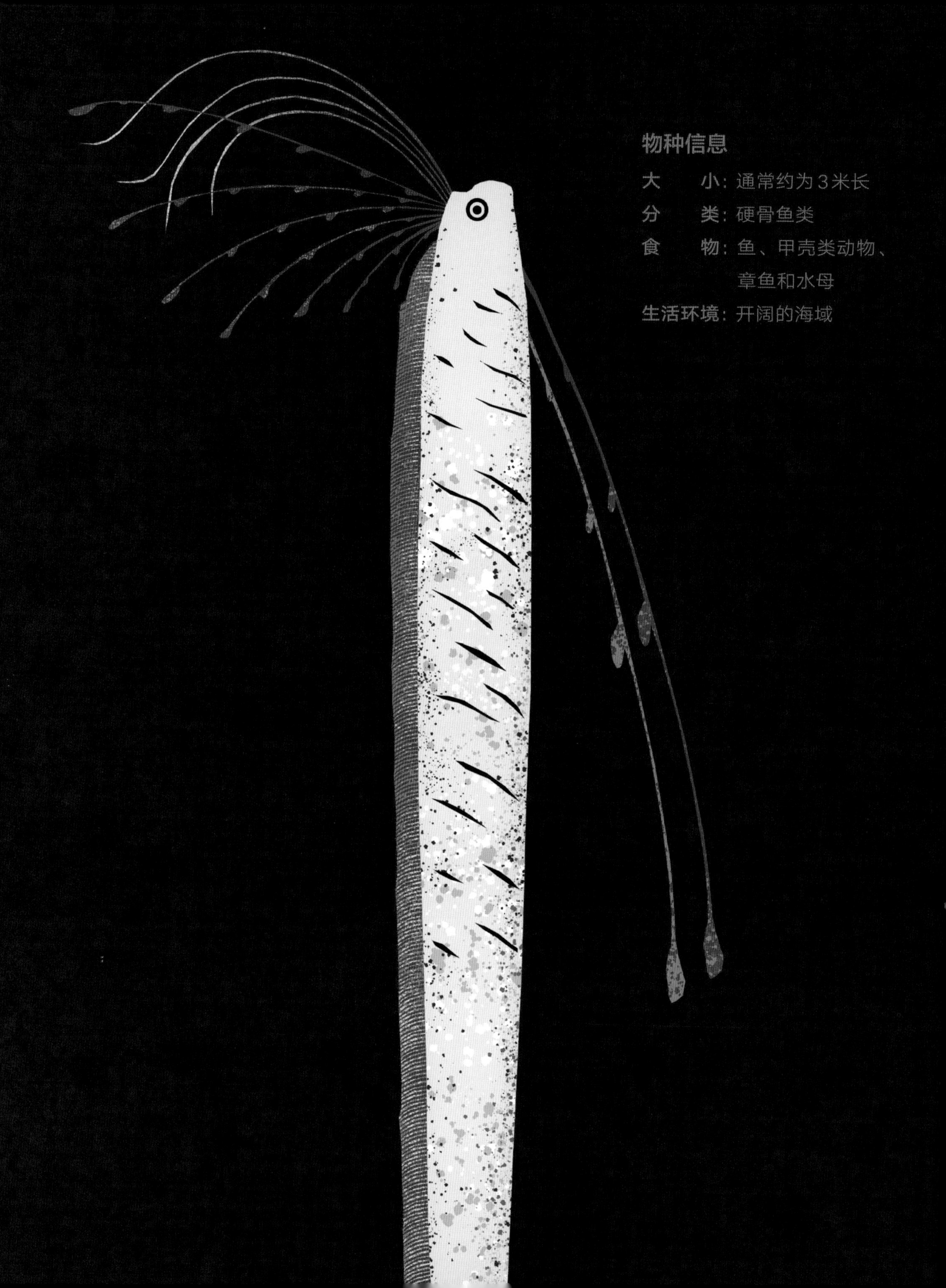

物种信息

大　　小：通常约为3米长

分　　类：硬骨鱼类

食　　物：鱼、甲壳类动物、章鱼和水母

生活环境：开阔的海域

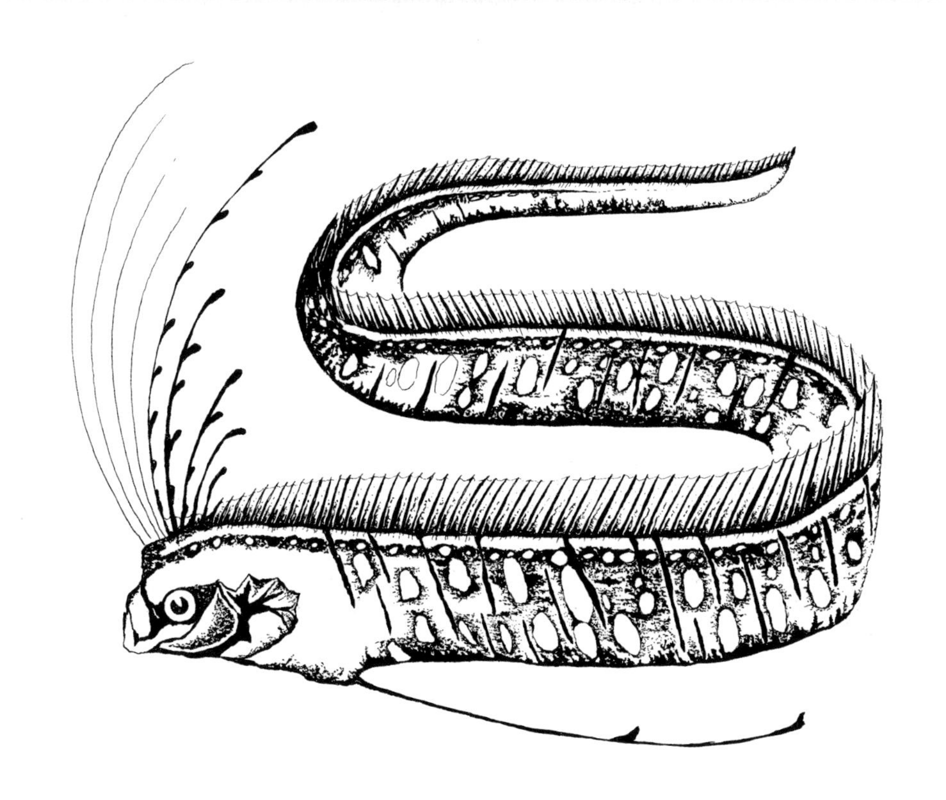

皇带鱼

Regalecus glesne

它们被称为王者，带有传奇的神话色彩，如今这种古怪的鱼真的从海里探出头来了！难以置信，真的会有这种鱼存在。不过它们确实存在——尽管极其罕见。人们在瑞典海域发现过皇带鱼两次。在瑞典吕瑟希尔海洋馆里，有其中一条皇带鱼的塑像。

人们发现的最长的皇带鱼有11米，但通常它们都没那么长。它们身体扁平，头上有巨大的皇冠，那是长长的背鳍的起点。

它们游泳的时候，只有背鳍在像蛇一样扭动，而身体本身像棍子一样僵硬。有时候皇带鱼会“站”起来，就像你在上一页的图中看到的那样，这时它们正在水里往上或往下游动。

物种信息

大　　小：可达1.5米长

分　　类：硬骨鱼类

食　　物：螺类、贝类、海胆和甲壳类动物

生活环境：坚硬的海底

大西洋狼鳚

Anarhichas lupus

它是一种会咬人的鱼——哪怕它已经死了！由于颌部储存着能量，即使大西洋狼鳚已经死了，它的嘴巴也能合上。被它咬一口会受严重的伤，因为它一旦咬住，就不愿意松嘴。

拉丁语单词“lupus”的意思是狼，这种鱼有时候被称为大海里的狼。它们嘴很大，长着很多尖利的牙齿，用来咬碎贝类、螃蟹、螺类、寄居蟹和海胆的壳。有时候它们也会袭击其他鱼类。那些可怕的牙齿会时不时脱落，换成新的、更锋利的牙齿。

它们喜欢待在岩石缝隙里，寻找用来磨牙的新的猎物。

物种信息

大　　小：大约30米长

分　　类：哺乳动物

食　　物：磷虾和其他浮游生物

生活环境：开阔的海域

蓝鲸

Balaenoptera musculus

世界上最大的哺乳动物出现在瑞典西海岸？是的，真的！ 19世纪末发生过两次蓝鲸在那里搁浅的事情。其中一条长约16米的年轻雄鲸，保存在瑞典哥德堡的自然历史博物馆里，是世界上唯一一头被安装陈列的鲸。

蓝鲸的嘴里长着一种叫作“鲸须”的东西，是一种又长又密的角质薄片。当蓝鲸要进食的时候，嘴里会吞进海水，然后海水通过鲸须被过滤掉，磷虾和浮游生物留在了嘴里。有意思的是，它们是世界上最大的动物，却以一些最小的动物为食。磷虾和浮游生物成群结队，数量非常大，一群磷虾和浮游生物可包含数十亿个个体。蓝鲸可以一口吞下数量是它实际所需的上千倍之多的食物。难怪它们会长得这么大！

你知道吗

如今那头保存的鲸安放在瑞典自然历史博物馆里，曾经有许多年，我们可以走进它的肚子里。不过20世纪初那头鲸的肚子关闭了，也许是因为它成了一个情侣们躲猫猫的地方？

物种信息

大　　小：大约8米长

分　　类：哺乳动物

食　　物：鱼、海豹、企鹅、鲸

生活环境：开阔的海域

虎鲸

Orcinus orca

在瑞典西海岸，我们可能并不会经常看见虎鲸，但是每年大约都会看到一次。

在英语中，它们被称作“杀手鲸”，这来源于它们杀死和玩弄猎物的方式。虎鲸跳出海面，劈开浮冰，或者故意制造大浪，这样的情景并不少见。它们这么做是为了更好地捕猎。

它们有很多小的、锋利的尖牙。它们瑞典语名字的意思是“咬鲸脂者”，据说来源于虎鲸喜欢去咬其他鲸鱼的鲸脂。

虎鲸属于海豚科。由于它们智商较高、体形较大，外表独特，在大型海豚馆的池子里养虎鲸曾经很流行。由于空间有限和缺乏刺激，它们通常过得很不舒服。

物种信息

大　　小：大约12米长

分　　类：软骨鱼类

食　　物：浮游生物

生活环境：开阔的海域

姥鲨

Cetorhinus maximus

虽然不常见，但人们还是会时不时在瑞典海域见到这种世界第二大的鱼。

和世界上最大的鱼——鲸鲨一样，姥鲨也是一种鲨鱼，它们跟绝大多数鲨鱼一样，直接产下活着的幼体。

姥鲨大张着嘴巴游来游去，收集浮游生物。浮游生物被一种叫“鳃耙”的东西抓住，同时海水通过鳃流出。有时候姥鲨的鳃耙会脱落，也就是鳃的一部分会脱落，要等上一阵子它们才会长出新的鳃耙。没有人确切知道在没有鳃耙的情况下它们是怎样进食的，不过有一种理论是，它们以消耗储存的脂肪为生。

姥鲨游泳时喜欢将嘴和背鳍露在水面上，它们因此得到了英文名“Basking shark”，意思是晒太阳的鲨鱼。

物种信息

大　　小： 可达40厘米长

分　　类： 硬骨鱼类

食　　物： 浮游生物、小型甲壳类动物和各种幼鱼

生活环境： 开阔的海域

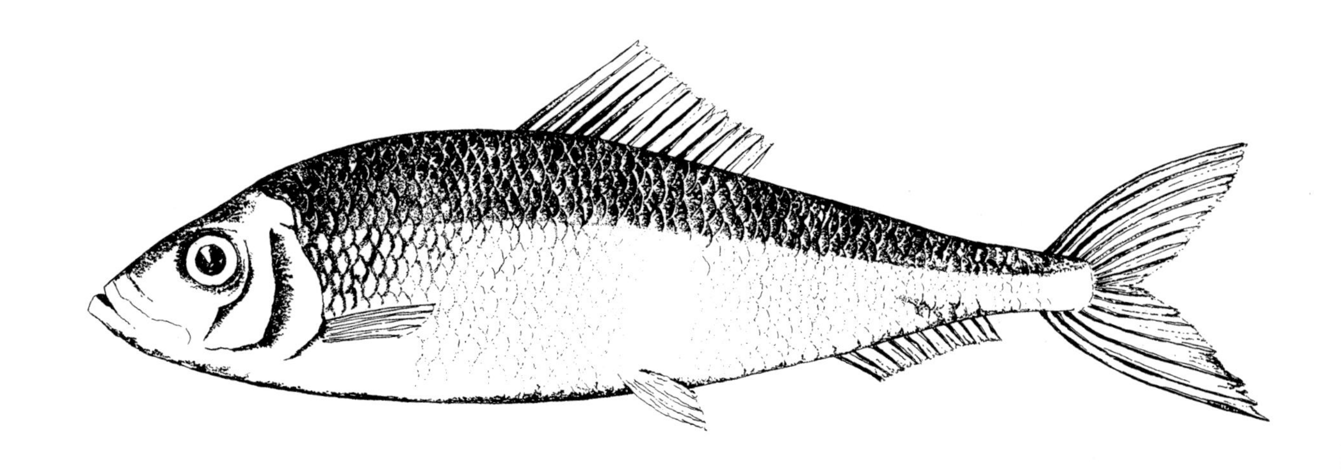

大西洋鲱鱼

Clupea harengus

它们到底叫什么？大西洋鲱鱼还是波罗的海鲱鱼？很简单，这取决于它们住的地方！在波罗的海卡尔马海峡以北捕获的大西洋鲱鱼叫作波罗的海鲱鱼。

可即便属于同一个物种，它们还是有区别的。瑞典西海岸的大西洋鲱鱼在外形上跟波罗的海鲱鱼有些不同，体形要大一些。人们觉得这是因为波罗的海鲱鱼性成熟要早一些，而性成熟后鱼就停止生长了。

大西洋鲱鱼喜欢成群结队，一起觅食。夜里它们会游到靠近海面的地方，因为它们就是在那里获取浮游生物的。一群大西洋鲱鱼可以由30亿条鲱鱼构成。

物种信息

大　　小：直径25～35厘米
分　　类：棘皮动物
食　　物：其他海星、贝类、海参和海葵
生活环境：石头、碎石及沙质的海底

轮海星

Crossaster papposus

它看起来像不像一轮小小的红色太阳？轮海星颜色从粉红到紫色都有，带着深红色的条纹。

轮海星有8～12条腕，普通的海星一般有5条。每一条腕的末尾长着一只眼睛，可以区分明暗。这些腕也用于游动，四处抓捕猎物。轮海星的嘴长在朝下的那一面。每一条腕上都长着一个性器官，被称为生殖腺。如果海星的一条腕断了，会有新的腕长出来。

轮海星依靠从腕的腹面伸出的成千上万个小管足来移动，或者借助海水任自己随波逐流。年轻的、体形较小的轮海星通常生活在较浅的水中，而年长的、体形较大的轮海星更喜欢去较深的水中。

你知道吗

普通的海星喜欢聚集成一群，有时候可以看见数百个海星在一起，形成了巨大的一堆。

物种信息

大　　小：约50厘米长

分　　类：甲壳类动物

食　　物：贝类、螺类和海胆

生活环境：深水和浅水的岩石、沙质或泥土质水底

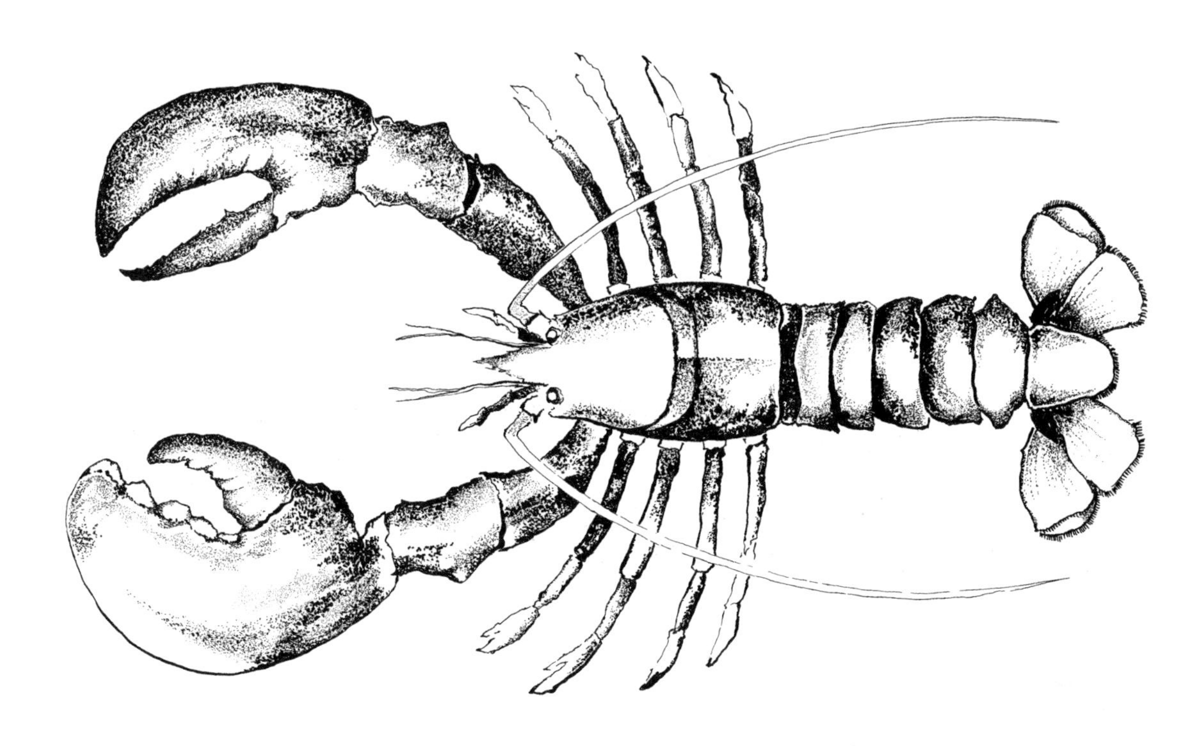

螯龙虾

Nephropidae

你知道有一种蓝色的龙虾吗？它们的颜色来自一种不寻常的基因突变。瑞典吕瑟希尔海洋馆收藏了一只蓝色的龙虾、一只红色的龙虾和一只像豹子一样有斑点的龙虾！

螯龙虾的螯足看起来与众不同。螯钳非常有力，有圆形的节，用于破碎贝类或螺类。体侧小足则要细一些，在螯龙虾将猎物的壳破碎后，体侧小足切割猎物的肉或将它们撕碎。

在瑞典，人们只能在秋季钓螯龙虾，每年第一只被钓上来的螯龙虾都会被拿到拍卖会上拍卖。迄今为止，最贵的螯龙虾卖到了每千克102 000瑞典克朗[①]。这些钱会用于慈善事业，而这只螯龙虾被制成了标本。那它的肉呢？它的肉成了猫的美食！

---

① 约合67 707.6元人民币，2022年8月1日。——译者注

物种信息

大　　小：约50厘米长

分　　类：软体动物

食　　物：鱼、大旋鳃虫和较大的甲壳类动物

生活环境：深海或浅海海底

尖盘爱尔斗蛸

Eledone cirrhosa

尖盘爱尔斗蛸长着喙，就像鸟类一样！当它们捕食甲壳类动物时，会用喙在甲壳上钻出一个洞，把毒素和消化液注射进去，将甲壳类动物麻痹，且使之肉壳分离，这样尖盘爱尔斗蛸能更容易吃到猎物。

尖盘爱尔斗蛸是瑞典最大的章鱼。它的瑞典语名字意思是“旋涡八爪鱼”。“旋涡”是源于尖盘爱尔斗蛸躺在海底休息时，它的触手会在那里旋转。它们的颜色有红色、橘色和黄色，向下的一面是白色的。尖盘爱尔斗蛸如果觉得自己遇到了危险，就会迅速改变颜色，将自己融入周围环境之中。

尖盘爱尔斗蛸是一位非常小巧的杂技演员，能够穿过极小的孔。拧开罐头的盖子，它们既可以从罐头外面钻进去，也可以从罐头里面钻出来。

物种信息

大　　小：2～4米长

分　　类：软骨鱼类

食　　物：鱼、头足类动物和海豚

生活环境：开阔的海域

远洋白鳍鲨

Carcharhinus longimanus

在瑞典西海岸，这种鲨鱼只被发现过一次。通常情况下，它们生活在热带和温带海域，其实完全不属于瑞典这样的北方地区。能发现它可真是幸运！

与大多数鲨鱼不同，远洋白鳍鲨会无端攻击人类，也就是说在事先没有被挑衅的情况下攻击人类。它们还以从沉船中寻找和捕食幸存者而闻名。

据说，正是远洋白鳍鲨袭击了美国印第安纳波利斯号军舰上的船员。该舰于1945年在菲律宾海沉没，大约1 000人落入海中，但只有约300人幸存。人们无法准确知道有多少人死于远洋白鳍鲨或者死于其他原因，但是据幸存者说，海里到处都是远洋白鳍鲨。

物种信息

大　　小：20～25厘米长

分　　类：硬骨鱼类

食　　物：海星、小型甲壳类动物、软体动物和海底的小鱼

生活环境：浅海有海藻的岩石海底

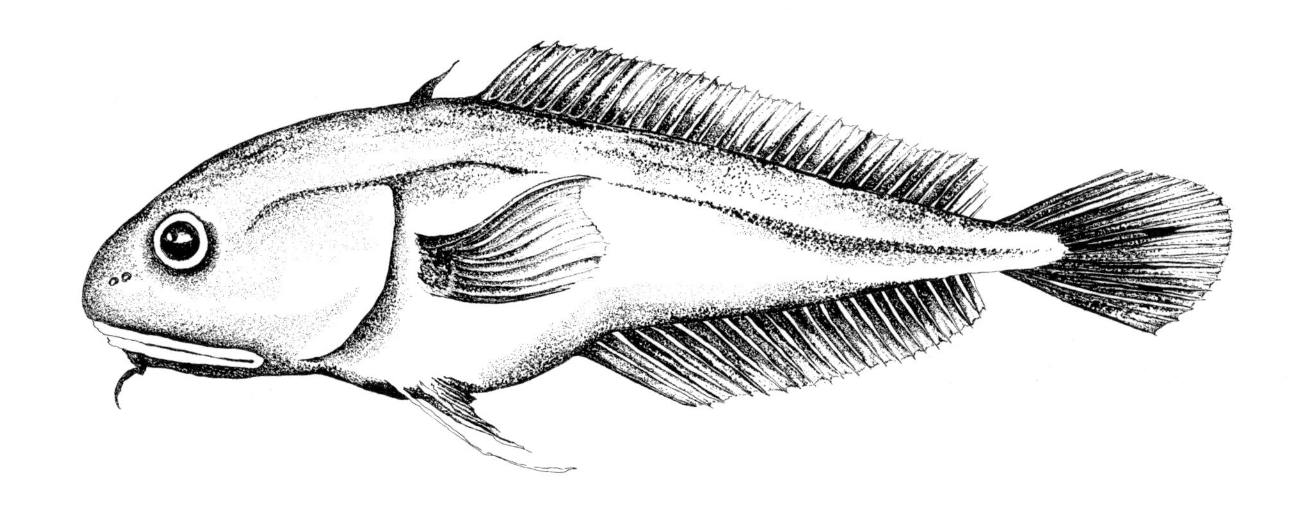

平头鳕

Raniceps raninus

这是一种自成一类的鱼！它们就像一种巨大的蝌蚪，有着宽宽的脑袋和深色的圆锥形的身体。平头鳕的拉丁语学名意思正是“像青蛙”。它们的眼睛很大，嘴和口腔是白色的，脑袋下面有一根小小的须。

平头鳕是一种害羞的鱼，独居在水底，不喜欢离开岩壁和石头间的藏身之地。它们是一种掠食性鱼类，捕食在海底生活的动物。

这种独特的小鱼也被叫作海蟾蜍、空心黑线鳕或“牛嘴鱼”，因为它们摸起来柔软光滑，就像奶牛的口鼻一样。在一些岛上，人们还把这种鱼叫作“铁匠”或“烟囱清洁工”，因为它们的身体是黑色的。

物种信息

大　　小：大约17厘米长

分　　类：硬骨鱼类

食　　物：贝类和螺类

生活环境：浅水中的石头间、海藻和水草间

黑口新虾虎鱼

Neogobius melanostomus

瑞典有很多种虾虎鱼，但只有黑口新虾虎鱼被归为入侵物种。这意味着它们其实并不属于瑞典，但是它们在这里生存得很好，而且繁衍得非常快！

黑口新虾虎鱼来自黑海和里海，应该是跟随货船来到瑞典海域的。它们轻松适应了环境，通过它们的力量、侵略性和意志，开拓了自己的领土，将其他生活在海底的鱼类挤了出去。

要想根除黑口新虾虎鱼基本上是不可能的，但我们可以限制它们繁殖扩张。一种方式就是更好地清洁在海岸各处航行的船只；另一种方式是扩大瑞典本土的掠食性鱼类的种群，使得黑口新虾虎鱼有更多的天敌。

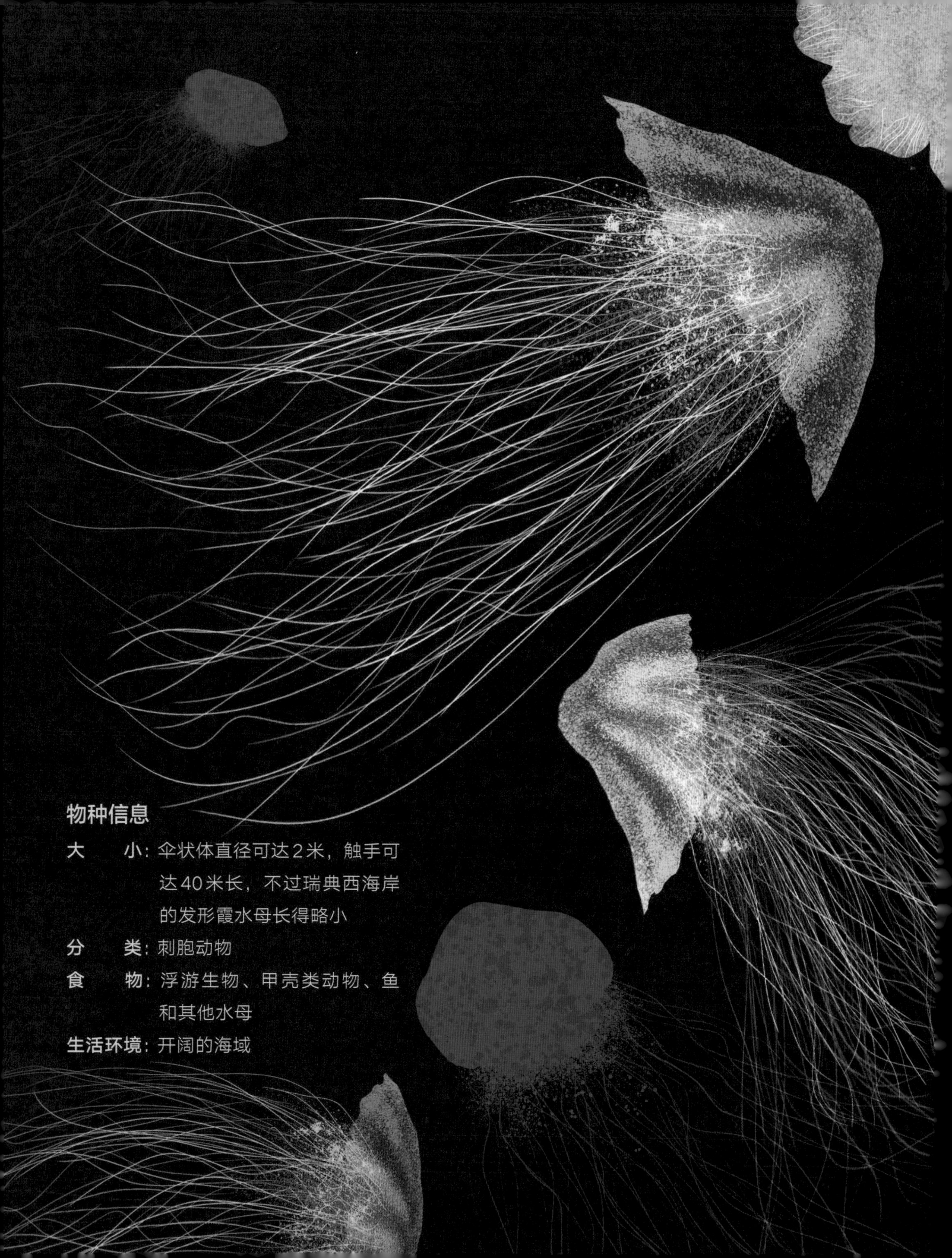

物种信息

大　　小：伞状体直径可达2米，触手可达40米长，不过瑞典西海岸的发形霞水母长得略小

分　　类：刺胞动物

食　　物：浮游生物、甲壳类动物、鱼和其他水母

生活环境：开阔的海域

发形霞水母

Cyanea capillata

你知道吗？如果我们把它们蜇人的触手也算上，那么发形霞水母比一头蓝鲸还长。发形霞水母用这些触手来捕捉猎物。

被发形霞水母蜇到会很麻烦，可能会导致灼痛、打寒战、头痛和恶心。你如果不小心游到一只长有很多触手的发形霞水母身体中间，就可能需要去医院。不过通常没有大问题。

有一次，超过100名游泳者被同时蜇伤。人们认为这是同一只发形霞水母造成的伤害。哪怕发形霞水母的触手脱落或者被扯断了，它们仍然能把人蜇伤。

物种信息

大　　小： 大约3米长

分　　类： 硬骨鱼类

食　　物： 鱼、头足类动物、甲壳类动物，偶尔吃海鸟

生活环境： 各种海底，在开阔的海域猎食

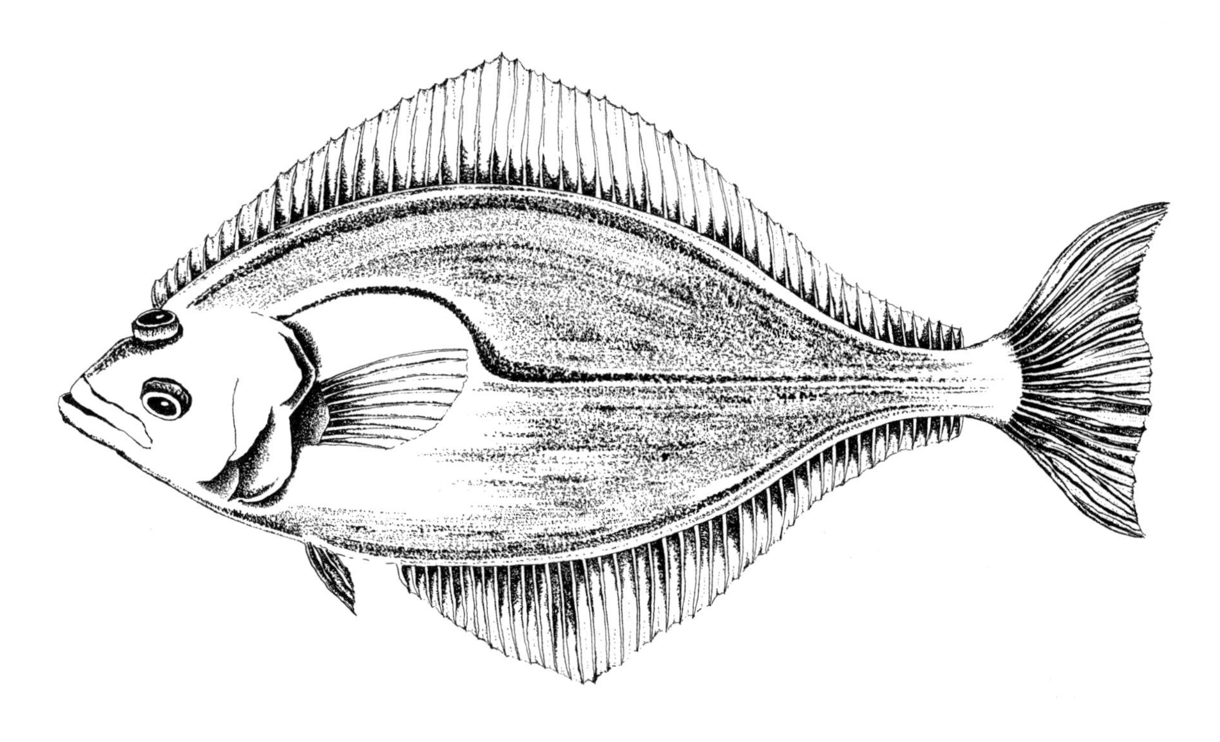

庸鲽

Hippoglossus hippoglossus

这是一种贪婪的掠食性鱼，喜欢离开海底，到开阔的水域猎食，如果有机会的话，甚至会抓住一只海鸟。这就是庸鲽，瑞典海域最大的鲽形目鱼，也是世界上最大的鲽形目鱼之一。它们吃得越多，就长得越大。以前它们可以长到5米长，但如今长不到那么大了。原因可能有很多，比如它们在长到那么大之前就被捕捞了。

庸鲽是充满力量的游泳健将，在全世界活动。它们最喜欢盐分较高的海域。

庸鲽长着奇大无比的嘴，身体背部是橄榄绿色、棕色或者近乎黑色的，腹部是白色的。

物种信息

大　　小：宽可达30厘米

分　　类：甲壳类动物

食　　物：软体动物、水母、鱼或者死去的动物

生活环境：柔软的和坚硬的海底，浅水和深水中

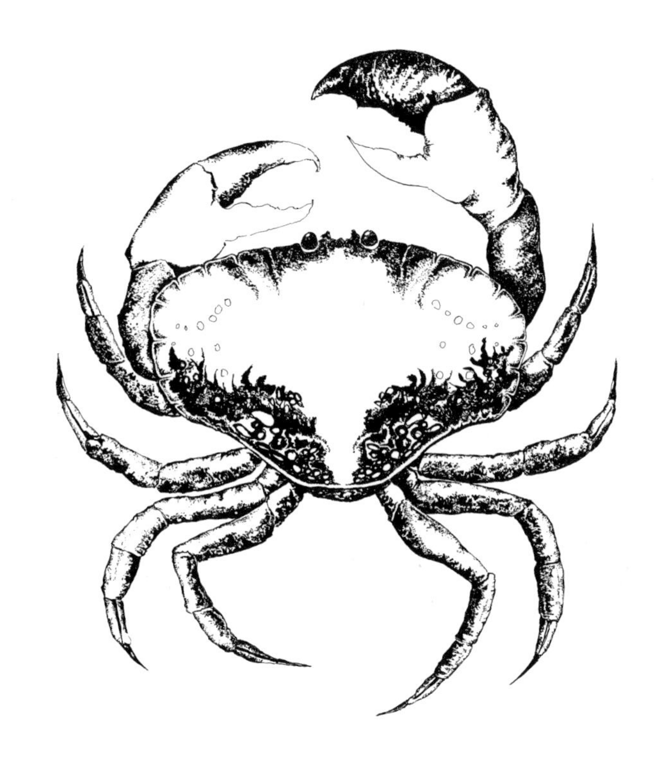

普通黄道蟹

Cancer pagurus

普通黄道蟹是瑞典最大的螃蟹。它们是杂食动物，甚至可以吃下一只发形霞水母！

这种螃蟹喜欢四处活动，可以爬上100千米。夏天它们经常出现在浅水中，冬天它们则会去比较深的海底。

夏天，普通黄道蟹会脱壳，然后交配。雌蟹可以从很多公蟹那里接收精子，在交配季多次产卵。此后，它们会把卵藏在腹部下面，直到第二年夏天。那些刚孵出来的幼蟹会在海中漂浮大约两个月，然后它们会沉入海底，在那里定居。

普通黄道蟹钳住一样东西的时候几乎不需要耗费能量，所以它们的钳子不会累，能够久久地将猎物钳住。

牡蛎
普通黄道蟹的螯
海胆
棘背钝头鳐的卵鞘
紫贻贝
海胆化石
普通滨蟹的头胸甲
鸟蛤

你知道吗

如果在海边的岩壁和沙滩上寻宝，那么说不定会有很多美丽又有趣的发现。运气好的话，你也许还能找到一根海鸟留下的螃蟹断腿。祝你好运！

术语表

保护物种：不得捕捞或者捕猎的物种。如果不小心抓到了属于保护物种的动物，就立即将它们放回自然环境中去。

不对称：身体形状不规则，左右形态不一样。

出水管：一些水生物种身上管状的开口，水可以从那里流出。软体动物利用这种水流来移动身体。

触手（触角）：一些无脊椎动物的器官，形状狭长，用于感觉和抓握。

刺胞动物：水生动物的一个门，水母、珊瑚和海葵都属于刺胞动物。

共生：不同的有机体紧密地联系在一起，共同生活。

关键物种：在一个生态系统中对其他物种的生存有重大意义的物种。

化石：动植物的遗骸和遗迹，随着时间推移逐渐石化并保存下来。

甲壳类动物：节肢动物门的一个纲，大多数都是水生动物。它们头部的顶端长着两对触角，成年个体通常分为头部、胸部和腹部三部分。

内壳：体内的钙质壳，来自十腕总目动物。

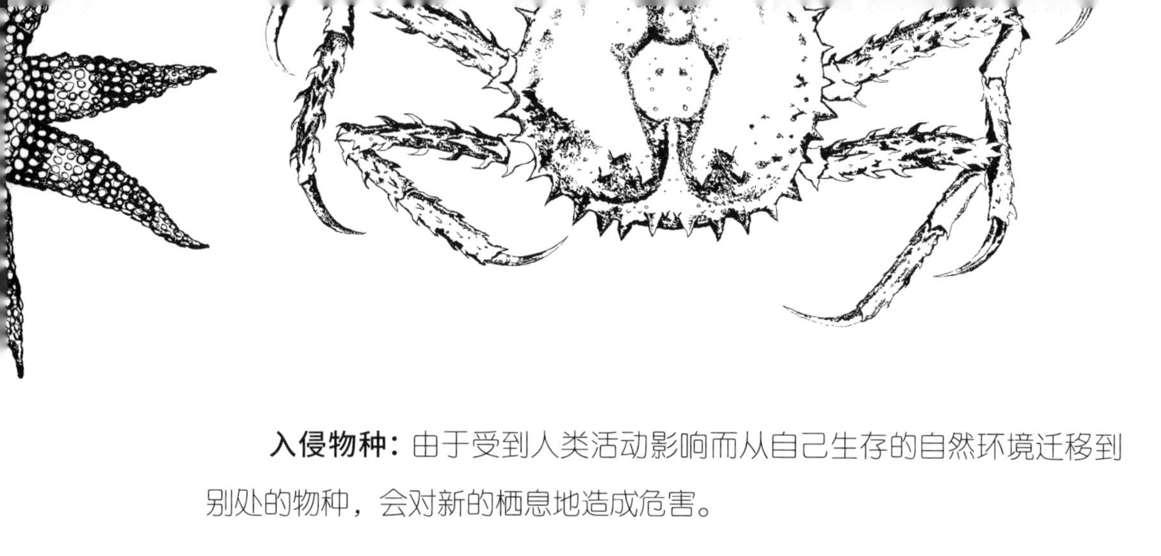

入侵物种：由于受到人类活动影响而从自己生存的自然环境迁移到别处的物种，会对新的栖息地造成危害。

软骨鱼类：跟硬骨鱼是姐妹类群。不同之处是骨骼由软骨构成，没有鱼鳔。鲨鱼和鳐鱼属于这一类群。

软体动物：一类无脊椎动物，通常带有某种钙质壳。包括螺类、贝类和章鱼等。

珊瑚虫：刺胞动物两种基本形态中的一种（也称水螅型，另一种是自由游动的水母）。珊瑚虫既可独居，也可群居（比如珊瑚礁）。

生殖腺：卵巢或精巢。

受胁动物红色名录：对物种灭绝危险性的评估。世界自然保护联盟物种濒危体系中等级划分由高到低有：灭绝、野外灭绝、极危、濒危、易危、近危无危、数据缺乏和未评估。

外套膜：软体动物（比如章鱼）的器官，它包围着一个空腔（外套腔，在水生种类中也称鳃腔），章鱼的鳃就在鳃腔内。

硬骨鱼类：数量最多的一类鱼，特点是骨骼由硬骨构成。

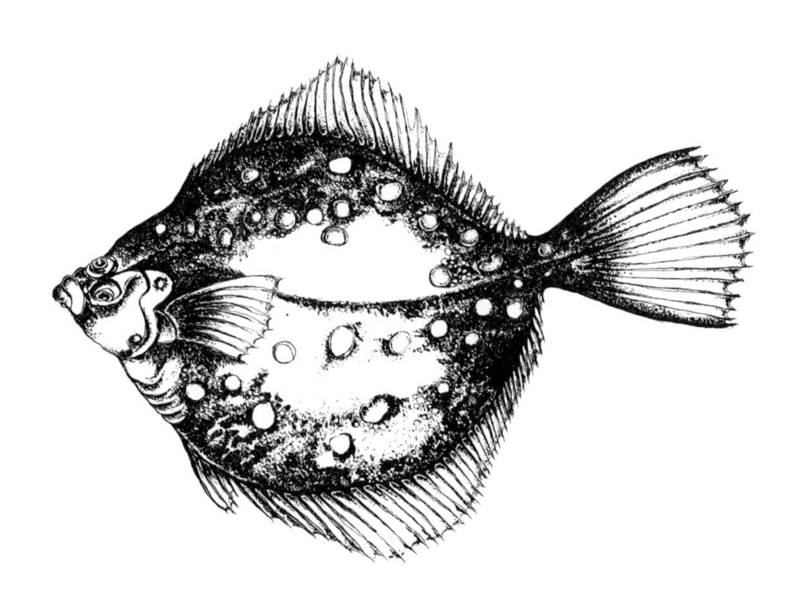

图书在版编目（CIP）数据

水下的世界 /（瑞典）亚历山德拉·达尔奎斯特著、绘；徐昕译 . -- 北京：科学普及出版社，2023.6
ISBN 978-7-110-10581-8

Ⅰ . ①水… Ⅱ . ①亚… ②徐… Ⅲ . ①海洋生物－少儿读物 Ⅳ . ① Q178.53-49

中国国家版本馆 CIP 数据核字（2023）第 065129 号

水下的世界

SHUIXIA DE SHIJIE

策划编辑：李世梅
责任编辑：郭春艳
封面设计：巫　粲
版式设计：蚂蚁设计
责任校对：张晓莉
责任印制：马宇晨

出　　版：科学普及出版社
发　　行：中国科学技术出版社有限公司发行部
地　　址：北京市海淀区中关村南大街 16 号
邮　　编：100081
发行电话：010-62173865
传　　真：010-62173081
网　　址：http://www.cspbooks.com.cn

开　　本：889mm × 1194mm 1/16
字　　数：57 千字
印　　张：5
版　　次：2023 年 6 月第 1 版
印　　次：2023 年 6 月第 1 次印刷
印　　刷：北京瑞禾彩色印刷有限公司
书　　号：ISBN 978-7-110-10581-8 / Q · 289
定　　价：69.00 元